彩绘注音 | 趣味百科 | 猜猜谜语 | 词语积累 | 阅读思考

法布尔
昆虫记
彩绘本

小小的战斗勇士——蝎子

〔法〕法布尔●著
潘昌礼 陈红波●编译

中国妇女出版社

图书在版编目（CIP）数据

小小的战斗勇士：蝎子 /（法）法布尔著；潘昌礼，
陈红波编译. -- 北京：中国妇女出版社，2018.1

（法布尔昆虫记彩绘本）

ISBN 978-7-5127-1500-4

Ⅰ.①小… Ⅱ.①法… ②潘… ③陈… Ⅲ.①全蝎—
少儿读物 Ⅳ.①Q959.226-49

中国版本图书馆CIP数据核字（2017）第190572号

小小的战斗勇士——蝎子

作　　者：	〔法〕法布尔　著	
译　　者：	潘昌礼　陈红波　编译	
责任编辑：	陈经慧	
责任印制：	王卫东	
出版发行：	中国妇女出版社	
地　　址：	北京市东城区史家胡同甲24号	邮政编码：100010
电　　话：	(010) 65133160（发行部）	65133161（邮购）
网　　址：	www.womenbooks.cn	
法律顾问：	北京天达共和律师事务所	
经　　销：	各地新华书店	
印　　刷：	三河市同力彩印有限公司	
开　　本：	170×240　1/16	
印　　张：	7.25	
字　　数：	32千字	
版　　次：	2018年1月第1版	
印　　次：	2018年1月第1次	
书　　号：	ISBN 978-7-5127-1500-4	
定　　价：	29.80元	

目录
Contents

bù qī ér yù de xiē zi
不期而遇的蝎子 / 1

shū shì de xīn jiā
舒适的新家 / 5

bù yǒu hǎo de tiǎo zhàn zhě
不友好的挑战者 / 28

shuài qi de xīn láng
帅气的新郎 / 62

dāng mā ma zhēn bù róng yì
当妈妈真不容易 / 80

bù qī ér yù de xiē zi
不期而遇的蝎子

66 昆虫百科

蝎子是一种很古老的陆地动物，早在数亿年前，它们就生活在地球上。它们身上披着壳质的"铠甲"，外形像琵琶（pí pa），身体较长，由头胸部和腹部组成，大部分为黄褐色；尾巴位于后腹部，有毒。蝎子是肉食性的节肢动物，主要吃各种昆虫和软体动物，尤其喜欢柔软、多汁、含蛋白质丰富的小动物，比如蜘蛛、蜈蚣、蟋蟀、蛞蝓（kuò yú）等。有趣的是，蝎子没有耳朵，几乎所有的行动都是依靠身体表面的"感觉毛"。蝎子的"感觉毛"十分灵敏，能感觉到1米范围内的蟑螂的活动。世界上的蝎子有1700多种呢。

1

我曾经为了自己的博士论文到罗纳河畔阿维尼翁对面的维勒尼弗山冈寻找蜈蚣。

在一次搬开一块大而扁平的石头后，我却发现了和蜈蚣一样可怕而且不讨人喜欢的蝎子。

那只蝎子的尾巴向背部卷起，毒针上正滚出一滴毒液，两只螯钳顶在洞口，随

2

shí zhǔn bèi gōng jī wǒ
时准备攻击我。

wǒ xià de gǎn jǐn jiāng shí tou chóng xīn yā huí dòng kǒu xīn yǒu
我吓得赶紧将石头重新压回洞口，心有

yú jì de lí kāi le
余悸地离开了。

rán ér jiù shì nà cì jīng lì zhī hòu wǎ duì xiē zi chǎn
然而，就是那次经历之后，我对蝎子产

shēng le tè shū de gǎn qíng
生了特殊的感情。

shí jiān hěn kuài jiù guò le nián rè zhōng yú kūn chóng yán
时间很快就过了50年，热衷于昆虫研

小词典

热衷（rè zhōng）

词义：十分爱好（某种
活动）。

例句：皮皮热衷于滑
冰，花花热衷于跑步。

3

jiū de wǒ yī jiù méi yǒu wàng jì nà zhī ràng zì jǐ wàng ér
究 的 我 依 旧 没 有 忘 记 那 只 让 自 己 望 而

shēng wèi de xiē zi
生 畏 的 蝎 子。

zài bān dào sài lǐ ní áng cūn zhī hòu wǒ jiù kāi shǐ zài sài
在 搬 到 塞 里 尼 昂 村 之 后，我 就 开 始 在 塞

lǐ ní áng nán biān huāng mò lǐ dà dà xiǎo xiǎo de shí tou jiān xún
里 尼 昂 南 边 荒 漠 里 大 大 小 小 的 石 头 间 寻

zhǎo xiē zi zhuóshǒu yán jiū xiē zi de shēng huó xí xìng
找 蝎 子，着 手 研 究 蝎 子 的 生 活 习 性。

大开眼界

　　塞里尼昂是法国南部的一个小镇。1879年的一天，法布尔开心到
了极点，因为他终于有了自己的一间实验室。那是一个坐落在法国乡
间小镇塞里尼昂（这个小镇可偏僻了，甚至没有像样的学校）附近的
一个老旧民宅。这个民宅附近有一块荒地。在别人看来，这荒地就是
不毛之地，但在法布尔眼中，它却是昆虫的乐园。法布尔把它命名为
"荒石园"。

舒适的新家
shū shì de xīn jiā

猜语谜
猜猜

前有俩钳夹，
后有毒尾巴，
全身穿铠甲，
人人都怕它。

（打一昆虫，答案
在此页文中找）

càn làn de yáng guāng zhào shè zài yǒu xiē huāng liáng de shān qiū
灿烂的阳光照射在有些荒凉的山丘

shàng zhè lǐ zhǐ yǒu shí tou hé shā lì shì yí kuài lián yě cǎo yě
上，这里只有石头和沙砾，是一块连野草也

hěn shǎo shēng zhǎng de tǔ dì rán ér què shì xiē zi de lè yuán
很少生长的土地，然而却是蝎子的乐园。

zhè lǐ zhù zhe hǎo jǐ zhī mǔ xiē zi tā men dōu yǐ jīng dāng
这里住着好几只母蝎子，她们都已经当

5

<ruby>了<rt>le</rt></ruby> <ruby>妈妈<rt>mā ma</rt></ruby>，<ruby>总会<rt>zǒng huì</rt></ruby><ruby>在<rt>zài</rt></ruby><ruby>阳光<rt>yáng guāng</rt></ruby><ruby>灿烂<rt>càn làn</rt></ruby><ruby>的<rt>de</rt></ruby><ruby>日子<rt>rì zi</rt></ruby><ruby>里<rt>lǐ</rt></ruby><ruby>带着<rt>dài zhe</rt></ruby><ruby>自己<rt>zì jǐ</rt></ruby>

<ruby>的<rt>de</rt></ruby><ruby>孩子<rt>hái zi</rt></ruby><ruby>出来<rt>chū lái</rt></ruby><ruby>散步<rt>sàn bù</rt></ruby>。

<ruby>在<rt>zài</rt></ruby><ruby>母蝎子<rt>mǔ xiē zi</rt></ruby><ruby>的<rt>de</rt></ruby><ruby>精心<rt>jīng xīn</rt></ruby><ruby>照料<rt>zhào liào</rt></ruby><ruby>下<rt>xià</rt></ruby>，<ruby>小蝎子<rt>xiǎo xiē zi</rt></ruby><ruby>们<rt>men</rt></ruby><ruby>健康<rt>jiàn kāng</rt></ruby>

<ruby>茁壮<rt>zhuó zhuàng</rt></ruby><ruby>地<rt>de</rt></ruby><ruby>成长<rt>chéng zhǎng</rt></ruby>，<ruby>很快<rt>hěn kuài</rt></ruby><ruby>他们<rt>tā men</rt></ruby><ruby>就要<rt>jiù yào</rt></ruby><ruby>离开<rt>lí kāi</rt></ruby><ruby>妈妈<rt>mā ma</rt></ruby>，<ruby>开<rt>kāi</rt></ruby>

<ruby>始<rt>shǐ</rt></ruby><ruby>独立<rt>dú lì</rt></ruby><ruby>生活<rt>shēng huó</rt></ruby><ruby>了<rt>le</rt></ruby>。

"<ruby>再见<rt>zài jiàn</rt></ruby>！<ruby>妈妈<rt>mā ma</rt></ruby>！"

"<ruby>妈妈<rt>mā ma</rt></ruby>！<ruby>再见啦<rt>zài jiàn la</rt></ruby>！"

wǒ men huì xiǎng niàn nín de
"我们会想念您的！"

yì qún lǎng gé duō kè xiē zi huī wǔ zhe xiǎo xiǎo
一群朗格多克蝎子挥舞着小小

de áo qián   yī yī yā yā de xiàng zì jǐ de mā ma
的螯钳，咿咿呀呀地向自己的妈妈

gào bié   zǒu xiàng sì miàn bā fāng   tā men yǐ jīng
告别，走向四面八方。他们已经

zhǎng dà le   lí kāi mā ma   kāi shǐ dú lì shēng
长大了，离开妈妈，开始独立生

huó de shí hou dào le
活的时候到了。

xiǎo lǎng gé duō kè xiē zi men xìng gāo cǎi
小朗格多克蝎子们兴高采

liè   zhēng xiān kǒng hòu de tà shàng le dú lì shēng
烈、争先恐后地踏上了独立生

huó zhī lǚ
活之旅。

wā   wǒ zhǎng dà le   kě yǐ yí gè rén
"哇！我长大了，可以一个人

小词典

兴高采烈

（xìng gāo cǎi liè）

词义：兴致高，情绪热烈。

例句：春天来了，百花齐
放，蜜蜂们兴高采烈地出门
去采集花蜜。

7

shēng huó le
生活了！”朗格多克蝎子阿丽深深地吸入

yì kǒu qīng xīn de kōng qì   kāi xīn de hū hǎn zhe   fàng kāi jiǎo bù
一口清新的空气，开心地呼喊着，放开脚步

bēn pǎo qǐ lái
奔跑起来。

mā ma   mā ma
妈妈，妈妈，

wǒ de hǎo mā ma
我的好妈妈！

wǒ jiù yào lí kāi le
我就要离开了，

wǒ jiù yào dú lì le
我就要独立了！

wǒ huì shí shí kè kè de xiǎng niàn nín
我会时时刻刻地想念您，

wǒ huì láo láo jì zhù nín de jiào huì
我会牢牢记住您的教诲！

小词典

教诲（jiào huì）

词义：教训或教导。

例句：我们要牢记老
师的教诲，努力学习
知识。

zuò yì zhī yǒng gǎn de xiē zi
做 一 只 勇 敢 的 蝎 子！

zuò yì zhī kuài lè de xiē zi
做 一 只 快 乐 的 蝎 子！

bù zhī bù jué　　ā lì yǐ jīng lí jiā hěn yuǎn le　　tā wāi
不 知 不 觉 ，阿 丽 已 经 离 家 很 远 了 。她 歪

zhe nǎo dai　　sì zhōu kàn kan　　xiàng gè dà rén yí yàng　　ruò yǒu suǒ
着 脑 袋 ，四 周 看 看 ，像 个 大 人 一 样 ，若 有 所

sī de shuō dào　　　　yīng gāi jǐn kuài zhǎo gè hǎo dì fang ān jiā cái
思 地 说 道 ：" 应 该 尽 快 找 个 好 地 方 安 家 才

xíng a
行 啊！"

běn néng gào su le ā lì　　dú lì shēng huó zuì xiān yào
本 能 告 诉 了 阿 丽 ，独 立 生 活 最 先 要

jiě jué de wèn tí shì shén me　　yú shì ā lì kāi
解 决 的 问 题 是 什 么 ，于 是 阿 丽 开

shǐ jì huà zhǎo yí gè shì hé zì jǐ jū zhù de
始 计 划 找 一 个 适 合 自 己 居 住 的

hǎo dì fang
好 地 方 。

小词典

若有所思

（ruò yǒu suǒ sī）

词义：好像在思考着
什么。

例句：听到爸爸的
话，妈妈若有所思。

猜谜语

凋落俩花瓣，
只能绕圈转。

（打一字，答案在
此页文中找）

可是，什么样的地方才适合自己居住呢？

阿丽犯难了。

因为阿丽从来都没有学过如何选择居住地，也没有学过如何建造房子。

是不是回到妈妈身边，向妈妈请教呢？

就在这时，阿丽脑海里突然浮现出妈妈的话："孩子们，蝎子的本领可是与生俱来的哦！"

想起妈妈的话，阿丽一下子充满了自信，她自言自语道："蝎子的本领是与生俱来的，我一定能找到最适合自己居住的好地方！"

阿丽开始寻找了。她首先来到河边，左看看，右看看，又用自己小小的脚在泥土里抓了抓，然后失望地摇摇头。

zhè lǐ bù hǎo　　tài cháo shī
"这里不好！太潮湿

le　　xià yǔ tiān huì bèi hé shuǐ chōng zǒu
了，下雨天会被河水冲走

de　　ā lì yì biān dí gu zhe　　yì
的！"阿丽一边嘀咕着，一

biān yòu cháo gāo chù zǒu qù
边又朝高处走去。

zhè cì ā lì lái dào le gān zào de
　　这次阿丽来到了干燥的

tái dì　　tā yòu zuǒ kàn kan　　yòu kàn
台地，她又左看看、右看

kan　　yī jiù yòng zì jǐ xiǎo xiǎo de jiǎo
看，依旧用自己小小的脚

zài ní tǔ lǐ zhuā le zhuā　　hái shi shī
在泥土里抓了抓，还是失

wàng de yáo le yáo tóu
望地摇了摇头。

zhè lǐ bù hǎo　　tǔ dì tài
"这里不好！土地太

大开眼界

　　下雨了，小朋友们都会赶紧跑回家，那么大家知道雨是怎么来的吗？雨其实是海洋或者陆地上的水蒸发成水汽后，在高空受冷凝结成的小水滴，小水滴相互碰撞、并合，变得越来越大，大到空气托不住它们的时候便会降落下来形成雨。

yìng wǒ wā bú dòng tā ā lì yì biān shuō zhe yì biān
硬，我挖不动它！"阿丽一边说着，一边

xiàng bié chù zǒu qù
向别处走去。

zhè cì ā lì lái dào yí piàn cháo yáng de shān gāng zhè lǐ
这次阿丽来到一片朝阳的山冈，这里

zhǎng mǎn le yě cǎo méi tā zài yí cì zuǒ kàn kan yòu kàn kan yòu
长满了野草莓。她再一次左看看右看看，又

yòng zì jǐ xiǎoxiǎo de jiǎo zài ní tǔ lǐ zhuā le zhuā
用自己小小的脚在泥土里抓了抓。

bù cháo shī yě bù gān zào sōng ruǎn dù yě hé shì
"不潮湿，也不干燥，松软度也合适！"

ā lì xīng fèn de xiàng sì zhōu huán shì zhǐ jiàn zhè lǐ dào chù sǎn
阿丽兴奋地向四周环视，只见这里到处散

猜谜语

红果子，裹芝麻，
咬一口，真甜哪！
（打一水果，答案在此
页文中找）

13

luò zhe dà piàn de yè yán
落着大片的页岩。

　　yè yán dǐ xia kě shì zuì shì hé jiàn zào fáng zi de dì fang
　"页岩底下可是最适合建造房子的地方

a　　 xiǎng dào zhè lǐ 　ā lì de yǎn jing lì kè jiù liàng de xiàng
啊！"想到这里，阿丽的眼睛立刻就亮得像

xīng xing
星星。

　　wā 　 jiù shì zhè lǐ 　 jiù shì zhè lǐ 　 wǒ de xīn jiā jiù
　"哇！就是这里，就是这里！我的新家就

xuǎn zài zhè lǐ la
选在这里啦！"

14

页岩是一种特殊的岩石，它们往往呈薄片状，就像一层层书页一样（但比书页厚得多），所以叫作"页岩"。页岩属于沉积岩，里面往往混杂着杂七杂八的碎屑，但主要是由黏土沉积后受压受热形成的。暴露在地面上的页岩容易风化，但在地下它们是不透水的，可以形成隔水层。

ā lì gāo xìng jí le tā huān
阿 丽 高 兴 极 了 ， 她 欢

kuài de wǎng fǎn yú měi yí kuài shí tou
快 地 往 返 于 每 一 块 石 头

xià zuì zhōng xuǎn dìng le yí kuài jiào
下 ， 最 终 选 定 了 一 块 较

dà jiào biǎn píng de shí tou kāi shǐ
大 、 较 扁 平 的 石 头 ， 开 始

xiū jiàn zì jǐ de fáng zi
修 建 自 己 的 房 子 。

zhǐ jiàn ā lì yòng zì jǐ dì sì duì
只 见 阿 丽 用 自 己 第 四 对

jiǎo zhī chēng dì miàn yòng qí tā sān duì
脚 支 撑 地 面 ， 用 其 他 三 对

jiǎo pá tǔ qīng qiǎo mǐn jié de jiāng tǔ
脚 耙 土 ， 轻 巧 敏 捷 地 将 土

耙（pá）

词义：用耙子平整土地，或聚拢和散开柴草、谷物等。

例句：今天天气晴朗，把麦子耙开晒一晒。

敏捷（mǐn jié）

词义：（动作、思路等）迅速而灵敏。

例句：小明的思维很敏捷。

kuài páo sōng　　niǎn suì　　xiàng gǒu páo tǔ mái gǔ tou yí yàng　　kuài sù
块 刨 松 、 碾 碎 ， 像 狗 刨 土 埋 骨 头 一 样 ， 快 速

de gōng zuò zhe
地 工 作 着 。

　　　bù yí huìr　　　　dà piàn ní tǔ yǐ
　　不 一 会 儿 ， 大 片 泥 土 已

jīng bèi niǎn suì le　　ā lì ràng wěi ba jǐn
经 被 碾 碎 了 。 阿 丽 让 尾 巴 紧

tiē zhe dì miàn　　rán hòu yì sǎo　　ní tǔ
贴 着 地 面 ， 然 后 一 扫 ， 泥 土

jiù bèi qīng lǐ de gān gān jìng jìng le
就 被 清 理 得 干 干 净 净 了 。

　　　jiù zhè yàng　　ā lì bù tíng de niǎn
　　就 这 样 ， 阿 丽 不 停 地 碾

suì　qīng sǎo　　bù yí huìr　　　yí gè
碎 、 清 扫 。 不 一 会 儿 ， 一 个

guǎng kǒu píng jǐng nà me cū　　shēn qiǎn hé
广 口 瓶 颈 那 么 粗 、 深 浅 合

shì de dòng jiù wā hǎo le
适 的 洞 就 挖 好 了 。

　　　zhè lǐ jiù shì wǒ de xīn jiā la　　　　ā lì cā le cā é tóu
　　"这 里 就 是 我 的 新 家 啦 ！" 阿 丽 擦 了 擦 额 头

shàng de hàn shuǐ　　dǎ liang zhe yǎn qián zhè ge xīn jiā　　suī rán hěn
上 的 汗 水 ， 打 量 着 眼 前 这 个 新 家 —— 虽 然 很

小词典

刨（páo）

词义：使用镐、锄头
等向下向里用力。

例句：红薯已经成熟
了，小琪和爷爷在一
起刨红薯。

猜语谜
猜
猜

走起路来落梅花，
从早到晚守着家，
看见生人汪汪叫，
见了主人摇尾巴。

（打一动物，答案在此
页文中找）

大开眼界

　　广口瓶就是瓶口比较大的瓶子，这样的瓶子一般用来放固体化
学材料。相对应，还有细口瓶，是用来放液体化学材料的。看一看
家里盛药片的那些小瓶，它们就是广口瓶；而装酒之类的基本都是
细口瓶。

17

jiǎn lòu　　　dàn shì kàn shàng qù què shí fēn wēn xīn
简陋，但是看上去却十分温馨。

　　ā lì zǒu jìn zì jǐ de xīn jiā　　zhāng kāi liǎng zhī áo qián dǐng
　　阿丽走进自己的新家，张开两只螯钳顶

zài mén kǒu　　dú zhēn gāo gāo de qiào qǐ　　bǎi chū yí fù fáng yù de
在门口，毒针高高地翘起，摆出一副防御的

zī shì　　　ng　　zhè yàng yě bú pà dí rén lái gōng jī le
姿势。"嗯！这样也不怕敌人来攻击了！"

ā lì ān xīn de shuō zhe　　yǎn jing què màn màn de bì shàng le
阿丽安心地说着，眼睛却慢慢地闭上了。

小词典

简陋（jiǎn lòu）

词义：（房屋、设备等）简单粗陋。

例句：房子虽然简陋，却十分整洁。

温馨（wēn xīn）

词义：温和芳香或温暖。

例句：家是最温馨的地方。

防御（fáng yù）

词义：抗击敌人的进攻。

例句：面对敌人，有时候不能消极防御，要主动进攻。

gāng cái jiàn fáng zi zhēn shì tài lèi le　　ā lì jìng rán zài bù
刚　才　建　房　子　真　是　太　累　了　，　阿　丽　竟　然　在　不

zhī bù jué zhōng shuì zháo le
知　不　觉　中　睡　着　了　。

jiù zài ā lì shuì zháo de zhè duàn shí jiān　　tài yáng gōng gong
就　在　阿　丽　睡　着　的　这　段　时　间　，　太　阳　公　公

wēn nuǎn de yáng guāng zhào shè zài shí tou shàng zhēng fā chū yì tuán
温　暖　的　阳　光　照　射　在　石　头　上　，　蒸　发　出　一　团

tuán rè qì　　ér rè qì màn yōu yōu de cóng dòng kǒu cuàn jìn le ā
团　热　气　，　而　热　气　慢　悠　悠　地　从　洞　口　窜　进　了　阿

lì de xīn jiā
丽　的　新　家　。

hǎo shū fu a　　　　ā lì xiǎng
"好　舒　服　啊　！　"　阿　丽　享

shòu zhe zhēng qì yù　　shēn tǐ hé xīn lǐ dōu
受　着　蒸　汽　浴　，　身　体　和　心　里　都

nuǎn yáng yáng de　　　　zài shuì mèng zhōng lù
暖　洋　洋　的　，　在　睡　梦　中　露

chū le xìng fú de xiào róng
出　了　幸　福　的　笑　容　。

猜猜猜语谜

一个球，圆溜溜，
夜里不见它出来，
白天从东向西走。
（打一自然物，答案在
此页文中找）

大开眼界

　　蒸汽浴就是指用水蒸气来沐浴。通常在沐浴时，人待在一个较封闭的房间里，里面充满因加热而产生的水蒸气。世界上最喜欢蒸汽浴的国家是芬兰，据说2000年前就有芬兰人在洗蒸汽浴。他们那里有一句谚语："谁在芬兰不洗萨乌那，就等于没到过芬兰。"这里的"萨乌那"指的就是蒸汽浴。

朗格多克蝎子喜欢在一天中最炎热的时候独自待在门口，享受经石板透进来的热气。

我在舒适的新房，

享受阳光的热浪。

阳光啊，暖洋洋！

身体啊，懒洋洋！

我在舒适的新房，

享受安静的空间。

运动啊，不喜欢！

吵闹啊，很讨厌！

咕噜噜——一阵声响从阿丽的肚子里传出来。阿丽眨巴眨巴眼睛，从睡梦中醒来，小手摸了摸肚皮，有些不好意思地说道："哎呀，肚子饿了！"

月亮掉在土堆旁。

（打一字，答案在此页文中找）

虽然蝎子最长能大半年不进食，但是这次阿丽还是决定出门捕食，因为她打算用一顿美味来庆祝自己乔迁新居。下定决心的阿丽，兴高采烈地出门了。

朗格多克蝎子走路时经常翘起尾部，他们的尾部其实应该算是腹部，由5节棱锥组成。一个个棱锥就像桶板拼接成棱凸纹、外表一棱一棱的小酒桶，看上去像一串发亮的珍珠。尾部第5节之后是一个袋状的光滑的尾节，这个葫芦形的囊袋是制作和储存毒液的地方。蝎子又硬又锋利的毒针，

小词典

乔迁（qiáo qiān）

词义：比喻人搬到好的地方去住或官职高升（多用于祝贺）。

例句：舅舅一家搬进了新房子，奇奇和妈妈一起去庆祝舅舅家的乔迁之喜。

棱锥（léng zhuī）

词义：一个多边形和若干个同一顶点的三角形所围成的多面体。比如，金字塔就是棱锥。

就藏在囊袋的尾端，深色的毒针呈弯钩形，用放大镜才能看到针尖略向下处有个张开的小孔，毒液就通过这个小孔注

rù shāng kǒu 。 wěi bù hé shēn qián de yí duì dà áo
入 伤 口 。 尾 部 和 身 前 的 一 对 大 螯

qián ， shì xiē zi zuì zhòng yào de wǔ qì
钳 ， 是 蝎 子 最 重 要 的 武 器 。

hěn kuài ， ā lì jiù kàn jiàn yì zhī xiǎo xiǎo de
很 快 ， 阿 丽 就 看 见 一 只 小 小 的

yě yīng xiǔ mù jiǎ ， zhèng shǎ shǎ de dāi zài dì shàng ，
野 樱 朽 木 甲 ， 正 傻 傻 地 待 在 地 上 ，

yí dòng yě bú dòng
一 动 也 不 动 。

zhè zhī xiǔ mù jiǎ shēn cháng yuē lí mǐ ， ruǎn
这 只 朽 木 甲 身 长 约 1.5 厘 米 ， 软

ruǎn de qiào chì chéng hè sè
软 的 鞘 翅 呈 褐 色 。

ā lì zǒu shàng qián qù ， xiàng jiǎn guǒ zi yí
阿 丽 走 上 前 去 ， 像 捡 果 子 一

yàng bǎ xiǔ mù jiǎ bào le qǐ lái ， zhí jiē wǎng zuǐ
样 把 朽 木 甲 抱 了 起 来 ， 直 接 往 嘴

lǐ sòng
里 送 。

小词典

鞘翅（qiào chì）

词义：瓢虫、金龟子
等昆虫的前翅，质地
坚硬，静止时覆盖在
膜质的后翅上，好像
鞘一样。

突如其来的变故，把朽木甲吓坏了，他不
停地挣扎，不停地叫唤："哎呀！救命啊！
快放开我！"

"坏小子，别乱动！"朽木甲的挣扎让
阿丽很不高兴。因为她进食时
是十分淑女的，不仅不吃已经
死了的昆虫，而且细嚼慢咽，
从不会发出任何声响。

对于不配合自己的朽木甲，
阿丽扬起毒针就朝他身上

昆虫百科

　　朽木甲是一种鞘翅目昆虫，身体中等大小，通
常呈卵圆形，颜色为黄色、褐色或黑色。幼虫身体
细长，生活在朽木或腐殖土中，对植物根部及整体
发育有危害。成虫常见于花或叶上，对植物具有传
粉作用。

dǎ le yì zhēn
打了一针。

xiǔ mù jiǎ guāi guāi de ān jìng xià lái   ā lì hěn shū nǚ de kāi
朽木甲乖乖地安静下来，阿丽很淑女地开

shǐ jìn shí   xì jiáo màn yàn   bù jí bú màn   měi cì yòng cān
始进食，细嚼慢咽，不急不慢。每次用餐，

25

ā lì dōu yào jǔ jué hǎo jǐ gè xiǎo shí děng dào chī bǎo zhī hòu
阿 丽 都 要 咀 嚼 好 几 个 小 时 。 等 到 吃 饱 之 后 ，

tā yōu yǎ de cóng hóu lóng lǐ qǔ chū wú fǎ xiāo huà de shí wù cán
她 优 雅 地 从 喉 咙 里 取 出 无 法 消 化 的 食 物 残

zhā cā ca zuǐ ba
渣 ， 擦 擦 嘴 巴 。

chī bǎo le sàn sàn bù zài huí jiā
"吃 饱 了 ， 散 散 步 再 回 家

ba ā lì qīng qīng de dǎ le yí gè
吧 ！" 阿 丽 轻 轻 地 打 了 一 个

bǎo gé zhāo bù yuǎn chù de yě cǎo méi dì
饱 嗝 ， 朝 不 远 处 的 野 草 莓 地

zǒu qù
走 去 。

聪明宝宝问不倒

小朋友，请回忆下刚刚看完的"舒适的新家"这一小节，回答下面的问题。

1.小蝎子阿丽把自己新家的地址选在了哪里？

2.小蝎子阿丽是怎样建造房子的？

3.小蝎子的毒针藏在哪里？是什么样子的？

不友好的挑战者

bù yǒu hǎo de tiǎo zhàn zhě

　　阿丽欢快地来到了野草莓地。现在这个季
节，正是野草莓成熟的季节，阿丽行走在这
里，野草莓的香味让她陶醉不已。

小词典

陶醉（táo zuì）

词义：很满意地沉
浸在某种境界或思
想活动中。

例句：亮亮登上高
山远远望去，陶醉
于山川景色之中。

28

zhè shí　　yì zhī huā shao
这时，一只花哨

de hú dié tū rán cóng ā lì tóu
的蝴蝶突然从阿丽头

dǐng fēi le guò qù
顶飞了过去。

　　āi yā　　　　ā lì xià le yí tiào　　sōu de yì shēng jiù pá
"哎呀！"阿丽吓了一跳，嗖的一声就爬

dào le yí kuài dà shí tou xià miàn　　tā xiǎo xīn yì yì de tàn chū shēn
到了一块大石头下面。她小心翼翼地探出身

zi　　　wāi zhe nǎo dai xiàng wài zhāng wàng　　qīng shēng de wèn dào
子，歪着脑袋向外张望，轻声地问道：

gāng cái shì shén me dōng xi fēi guò qù le ne
"刚才是什么东西飞过去了呢？"

　　hā hā hā　　dǎn xiǎo guǐ　　jū rán bèi yì zhī hú dié xià chéng
"哈哈哈！胆小鬼！居然被一只蝴蝶吓成

zhè yàng　　hā hā　　tài hǎo xiào le　　páng biān cǎo cóng zhōng de
这样！哈哈，太好笑了！"旁边草丛中的

小词典

花哨（huā shao）

词义：颜色鲜艳多彩。

例句：街上的姐姐穿得很花哨。

小词典

小心翼翼

（xiǎo xīn yì yì）

词义：形容举动十分谨慎，丝毫不敢疏忽。

例句：每次过这座独木桥，他都小心翼翼的。

xī shuài kàn jiàn ā lì de yàng zi wǔ zhe zì jǐ de zuǐ ba xiào
蟋 蟀 看 见 阿 丽 的 样 子 ， 捂 着 自 己 的 嘴 巴 ， 笑

wān le yāo
弯 了 腰 。

hng wǒ cái bú hài pà hú dié ne
"哼 ！ 我 才 不 害 怕 蝴 蝶 呢 ！

wǒ gāng cái zhǐ shì méi kàn qīng cái bèi xià dào
我 刚 才 只 是 没 看 清 才 被 吓 到

de ā lì hěn bù fú qì de xiàng xiǎo xī
的 ！ " 阿 丽 很 不 服 气 地 向 小 蟋

shuài biàn jiě dào
蟀 辩 解 道 。

小词典

辩解（biàn jiě）

词义：对受人指责的某种见解或行为加以解释。

例句：在被人误会时，我们要聪明地为自己辩解。

dǎn xiǎo guǐ jiù shì dǎn xiǎo guǐ hái bù chéng rèn xiǎo
"胆 小 鬼 就 是 胆 小 鬼 ！ 还 不 承 认 ！ " 小

xī shuài hěn bù lǐ mào de jì xù shuō
蟋 蟀 很 不 礼 貌 地 继 续 说

zhe hái cháo wǒ men de xiǎo yǒng shì
着 ， 还 朝 我 们 的 小 勇 士

zuò le gè guǐ liǎn
做 了 个 鬼 脸 。

猜猜谜语

石头缝里钻，
青草丛里爬，
在家爱叫唤，
出门爱打架。

（打一昆虫，答案在此页文中找）

"呼呼！气坏我啦！"阿丽气极了，举着两只小小的螯钳，甩动身后的毒针，向小蟋蟀冲了过去，边跑边喊道："你站着别动，我要和你决斗！"

"啊——妈妈，救命啊！"小蟋蟀见阿丽冲了过来，呼喊着"妈妈"一溜烟地朝家里

pǎo qù
跑去。

hèng　jū rán gǎn cháo xiào wǒ　suàn nǐ pǎo de kuài　yào bù
"哼！居然敢嘲笑我！算你跑得快！要不

rán ràng nǐ hǎo kàn　ā lì wàng zhe xiǎo xī shuài táo pǎo de bèi
然让你好看！"阿丽望着小蟋蟀逃跑的背

yǐng　dū zhe zuǐ qì hū hū de hǎn dào
影，嘟着嘴气呼呼地喊道。

ā lì fā nù de yàng zi zhēn shì kě pà a　gū jì xiǎo xī
阿丽发怒的样子真是可怕啊！估计小蟋

shuài zài yě bù gǎn qīng yì de cháo xiào tā le ba
蟀再也不敢轻易地嘲笑她了吧。

xià pǎo le xiǎo xī shuài　ā lì yǐ shèng lì zhě de zī tài jì xù
吓跑了小蟋蟀，阿丽以胜利者的姿态继续

sàn bù　yì biān zǒu hái yì biān zì yán zì yǔ　wǒ zěn me kě
散步，一边走还一边自言自语："我怎么可

小词典

嘲笑（cháo xiào）

词义：用言辞笑话
对方。

例句：只要自己做
得对，就不要怕别
人嘲笑。

néng shì dǎn xiǎo guǐ ne   wǒ yǒu lì hai de dú zhēn   lián rén lèi dōu
能 是 胆 小 鬼 呢？ 我 有 厉 害 的 毒 针 ， 连 人 类 都

huì wèi jù   wǒ men xiē zi yì zú hái bèi zài rù le huáng dào shí èr
会 畏 惧。 我 们 蝎 子 一 族 还 被 载 入 了 黄 道 十 二

gōng ne
宫 呢！"

ā lì jiù zhè me zì yán zì yǔ   xīn lǐ
阿 丽 就 这 么 自 言 自 语 ， 心 里

shuō bù chū de zì háo   tā àn àn de xià dìng
说 不 出 的 自 豪 ， 她 暗 暗 地 下 定

jué xīn   yào zuò yì zhī chū sè de xiē zi
决 心 ， 要 做 一 只 出 色 的 蝎 子。

小词典

畏惧（wèi jù）

词义：害怕。

例句：我们要勇敢面对困难，不要畏惧它。

33

猜谜语猜猜

头戴绿帽，
身穿绿袍，
腰细肚大，
手拿双刀。

（打一昆虫，答案
在此页文中找）

jiù zài zhè shí　　ā lì ěr biān tū rán chuán lái xiǎo xī
就在这时，阿丽耳边突然传来小蟋

shuài hěn bù lǐ mào de shēng yīn　　hēi　xiǎo xiē zi　nǐ
蟀很不礼貌的声音："嗨！小蝎子，你

gěi wǒ zhàn zhù
给我站住！"

ā lì tái tóu yí kàn　　xiǎo xī shuài dài lǐng zì jǐ de hǎo
阿丽抬头一看，小蟋蟀带领自己的好

péng you xiū nǚ táng láng dǎng zhù le qù lù
朋友修女螳螂挡住了去路。

nǐ jiù shì qī fu xiǎo xī shuài de rén ma　　xiū nǚ
"你就是欺负小蟋蟀的人吗？"修女

34

tángláng jiàn ā lì gè zi xiǎo xiǎo de　　　gēn běn jiù méi bǎ tā
螳螂见阿丽个子小小的，根本就没把她

fàng zài yǎn lǐ　　gāo ào de shuōdào
放在眼里，高傲地说道。

　　hái méi yǒu zhǎng dà de ā lì jiàn xiū nǔ tángláng bǐ zì jǐ
还没有长大的阿丽见修女螳螂比自己

de gè zi yào dà xǔ duō　　xīn lǐ yǒu xiē hài pà　　shēn tǐ bù yóu
的个子要大许多，心里有些害怕，身体不由

zì zhǔ de xiànghòu tuì le jǐ bù
自主地向后退了几步。

　　rán ér　　ā lì hěn kuài xiǎng dào zì jǐ gāng cái yào chéng
然而，阿丽很快想到自己刚才要成

wéi yì zhī chū sè de xiē zi de jué dìng　　　lì kè biàn de yǒng
为一只出色的蝎子的决定，立刻变得勇

gǎn qǐ lái　　tā jǔ qǐ liǎng zhī áo qián　　gāo gāo de yáng qǐ
敢起来。她举起两只螯钳，高高地扬起

自己的毒针，做好了迎战的准备，"我不怕你！"

看到小蝎子并没有害怕自己的意思，修女螳螂反而恼怒了。她挥舞着自己带锯齿的腿，张牙舞爪地说道：

"小个子，你就不怕我把你撕碎吗？"

"就是，就是！小心丢掉小命哦！"小蟋蟀也在一边狐假虎威地叫嚷着。

"哼！我要成为一只出色的蝎子，才不怕你们呢！"阿丽说完一步步朝修女螳螂逼近，然后突然向修女螳螂发起攻击，用螯钳抓住了修女螳螂。

修女螳螂慌了，立刻张开自己带锯齿的腿和带有纹饰的翅膀，样子显得十分可怕。但

shì zhè yàng kě pà de zī shì bìng méi yǒu bāng zhù tā huò shèng fǎn
是，这样可怕的姿势并没有帮助她获胜，反

ér fāngbiàn le ā lì de gōng jī
而方便了阿丽的攻击。

ā lì zhuā zhù jī huì bǎ dú zhēn shùn lì de cì jìn le táng
阿丽抓住机会，把毒针顺利地刺进了螳

láng liǎng tiáo fēng lì de qián tuǐ xiū nǚ táng láng de tuǐ mǎ shàng
螂两条锋利的前腿。修女螳螂的腿马上

wān le chōu chù le yí zhèn tā jiù sǐ diào le
弯了，抽搐了一阵，她就死掉了。

hèng cháng dào wǒ dú zhēn de zī wèi
"哼！尝到我毒针的滋味

le ba ā lì chuī le chuī zì jǐ de dú
了吧！"阿丽吹了吹自己的毒

小词典

抽搐（chōu chù）

词义：肌肉不随意地收缩的症状，多见于四肢和颜面。

例句：小红这次真的把妈妈气坏了，妈妈的手臂都有些抽搐。

zhēn　　dùi zhe dì shàng yǐ jīng sǐ diào de xiū nǚ táng láng jiāo ào de
针，对着地上已经死掉的修女螳螂骄傲地

shuō dào　　　xiǎo xī shuài zài yì biān jīng dāi le　　zhāng zhe dà zuǐ bàn
说道。小蟋蟀在一边惊呆了，张着大嘴半

tiān dōu hé bú shàng
天都合不上。

　　　nǐ yě yào cháng chang dú zhēn de zī wèi ma　　　ā lì duì
"你也要尝尝毒针的滋味吗？"阿丽对

xiǎo xī shuài shuō dào
小蟋蟀说道。

　　　xiǎo xī shuài quán shēn yì duō suo　　tū rán fǎn yìng guò lái
小蟋蟀全身一哆嗦，突然反应过来。

　　à　　mā ma　　jiù mìng a　　tā yòu yí cì jīng jiào zhe
"啊——妈妈，救命啊！"他又一次惊叫着

　mā ma　　　yí liù yān de cháo jiā lǐ pǎo qù
"妈妈"，一溜烟地朝家里跑去。

　　dǎn xiǎo guǐ　　ā lì kàn le yì yǎn táo pǎo de xiǎo xī
"胆小鬼！"阿丽看了一眼逃跑的小蟋

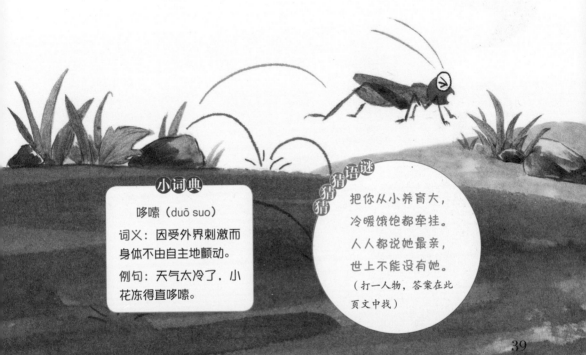

小词典

哆嗦（duō suo）

词义：因受外界刺激而身体不由自主地颤动。

例句：天气太冷了，小花冻得直哆嗦。

猜猜猜 谜语谜

把你从小养育大，

冷暖饿饱都牵挂。

人人都说她最亲，

世上不能没有她。

（打一人物，答案在此页文中找）

shuài tóu yě bù huí de huí dào le jiā zhōng
蟀，头也不回地回到了家中。

zì cóng hǎo péng you xiū nǚ táng láng bèi dǎ bài xiǎo xī shuài
自从好朋友修女螳螂被打败，小蟋蟀

zài yě bù gǎn zhǎo ā lì de má fan le hái dào chù xuān chuán shuō
再也不敢找阿丽的麻烦了，还到处宣传说

ā lì yǒu duō me duō me de lì hai
阿丽有多么多么的厉害。

zhè yàng yì lái hěn duō hào dòu de kūn chóng dōu mù míng lái
这样一来，很多好斗的昆虫都慕名来

tiǎo zhàn ā lì
挑战阿丽。

yì tiān yì zhī lóu gū tū rán zhǎo shàng mén lái dà
一天，一只蝼蛄突然找上门来，大

shēng jiào rǎng zhe yào hé ā lì bǐ shi ā lì huī
声叫嚷着要和阿丽比试。阿丽挥

wǔ zhe zì jǐ de áo qián gāo gāo de yáng qǐ dú cì
舞着自己的螯钳，高高地扬起毒刺

chū le mén
出了门。

小词典

慕名（mù míng）

词义：仰慕别人的名气。

例句：由于他的医术很高超，很多病人都慕名而来。

zài yí piàn xiǎo xiǎo de píng dì shàng   lóu gū hé ā lì fèn nù de
在 一 片 小 小 的 平 地 上 ，   蝼 蛄 和 阿 丽 愤 怒 地

duì shì   hù bù xiāng ràng
对 视 ， 互 不 相 让 。

dǎ bài xiū nǚ táng láng de lì hai jiā huo jiù shì nǐ   lóu
"打 败 修 女 螳 螂 的 厉 害 家 伙 就 是 你 ？" 蝼

gū wàng zhe ā lì   yǒu diǎn bù xiāng xìn yǎn qián qí mào bù yáng de
蛄 望 着 阿 丽 ， 有 点 不 相 信 眼 前 其 貌 不 扬 的

tā jiù shì chuán shuō zhōng de lì hai jiā huo
她 就 是 传 说 中 的 厉 害 家 伙 。

měi ge tiǎo zhàn zhě dōu huì wèn hé lóu gū
每 个 挑 战 者 都 会 问 和 蝼 蛄

yí yàng de wèn tí   ā lì zǎo jiù bèi wèn fán
一 样 的 问 题 ， 阿 丽 早 就 被 问 烦

le   fǎn zhèng wú lùn shuō shén me zuì hòu dōu
了 。 反 正 无 论 说 什 么 最 后 都

shì dǎ yí jià   suǒ yǐ   zhè cì ā lì dōu lǎn
是 打 一 架 ， 所 以 ， 这 次 阿 丽 都 懒

得回答蝼蛄，冲上去直接战斗。

蝼蛄见阿丽冲了上来，也做出进攻的姿势。他剪子一样的前足做好了剪断对手的准备，那对高傲的翅膀也相互摩擦，发出声响，像是在唱着助威的战歌。

阿丽不等蝼蛄把他的战歌唱完，便使劲甩出了自己带着毒针的尾巴。可是，她发现蝼蛄胸部穿着一件拱形的坚固铠甲，自己的毒针无法穿透它！

这可怎么办呢？阿丽急坏了，但她马上明白，这个时候绝对不能慌，要找到蝼蛄身上的破绽才行。

想到这里，阿丽就开始细细地观察起来。很快她就发现在蝼

小词典

铠甲（kǎi jiǎ）

词义：古代军人打仗时穿的护身服装，多用金属片缀成。

破绽（pò zhàn）

词义：本指衣物的裂口，比喻说话做事时露出的漏洞。

例句：犯罪分子再狡猾，也会露出破绽。

gū jiān yìng de kǎi jiǎ hòu miàn

蛄坚硬的铠甲后面，有一条很深的褶皱正

zài wēi wēi zhāng kāi zhe

在微微张开着。

ā lì pàn duàn zhè lǐ jiù shì zì jǐ xià zhēn de zuì jiā wèi zhì

阿丽判断这里就是自己下针的最佳位置，

yú shì zhuā zhù jī huì kuài sù de jiāng dú zhēn zhā le jìn qù

于是抓住机会，快速地将毒针扎了进去。

jiù zhè me qīng qīng de yí xià zi zhè zhī lóu gū jiù xiàng shì

就这么轻轻的一下子，这只蝼蛄就像是

bèi léi diàn jī zhòng le yí yàng hōng rán dǎo le xià qù kāi shǐ bù

被雷电击中了一样，轰然倒了下去，开始不

tíng de chōu chù qǐ lái

停地抽搐起来……

小词典

褶皱（zhě zhòu）

词义：皱纹。

例句：我今天在街上
遇到了一个满脸褶皱
的老奶奶。

猜谜语猜猜

电光闪闪走得急，

轰隆声声传千里，

每到热天下雨时，

它们都来吓唬你。

（打一字，答案在此页
文中找）

阿丽再次胜利了！

"我是一只出色的蝎子，我又胜利了！"

阿丽又一次获得了胜利，她高兴地呼喊着奔跑起来，完全忘记了地上的蝼蛄。

平时，阿丽都会把打败的对手当成食物，美美地饱餐一顿，今天就算蝼蛄走运了。

打败了蝼蛄，阿丽在野草莓地的名声更大了，虽然依旧会有很多上门挑战的家

猜猜语谜

长方板子贴墙面，
一会开来一会关，
进来出去从这过，
没有钥匙犯了难。

（打一物，答案在此页
文中找）

huo dàn shì ā lì yǐ jīng néng cóng róng bú pò de yìng fu le ér
伙，但是阿丽已经能从容不迫地应付了，而

qiě měi cì dōu néng bǎ dí rén dǎ de luò huā liú shuǐ
且每次都能把敌人打得落花流水。

　　zhè tiān　　ā lì gāng cóng měi mèng zhōng xǐng lái　　zhèng zài
　　这天，阿丽刚从美梦中醒来，正在

xiǎng zhe wǎn shàng yào chī diǎn shén me de shí
想着晚上要吃点什么的时

hou　　mén kǒu tū rán chuán lái yí zhèn qí guài
候，门口突然传来一阵奇怪

de shēng xiǎng
的声响。

　　ā lì xīn tóu yì jīng　　lì kè zhāng kāi zì
　　阿丽心头一惊，立刻张开自

jǐ liǎng zhī áo qián dǐng zài mén kǒu　　jiāng dú
己两只螯钳顶在门口，将毒

zhēn gāo gāo de qiào qǐ　　bǎi chū yí fù fáng
针高高地翘起，摆出一副防

yù de jià shi　　jìng jìng de guān chá zhe mén kǒu
御的架势，静静地观察着门口

de qíng kuàng
的情况。

小词典

从容不迫
（cóng róng bú pò）

词义：非常镇静、
不慌不忙的样子。

例句：他笑容满
面，从容不迫地走
上了讲台。

落花流水
（luò huā liú shuǐ）

词义：原来形容春
景衰败，现在比喻
惨败。

例句：解放军叔叔
奋勇杀敌，敌人被
打得落花流水。

45

不一会儿，阿丽看见一只长长的蜈蚣出现在眼前。天哪，这是什么怪物，居然有24对脚。

这时，蜈蚣也看见了阿丽，他昂起头很不友好地对阿丽说道："小蝎子，你出来，我要吃了你！"

阿丽一听蜈蚣高傲的话立刻火冒三丈，气呼呼地冲了出去，对着蜈蚣毫不示弱地说道："哼！我正在考虑晚上吃

小词典

火冒三丈
（huǒ mào sān zhàng）

词义：形容怒气特别大。

例句：苗苗犯了错还撒谎，爸爸气得火冒三丈。

小词典

示弱（shì ruò）

词义：表示比对方软弱，不敢较量。

例句：虽然小花狗打不过大黄狗，但它丝毫也不示弱。

shén me ne   jì rán nǐ zì jǐ zhǎo shàng mén lái   jiù dāng wǒ de
什么呢，既然你自己找上门来，就当我的

wǎn cān ba
晚餐吧！"

　　　 xiǎo xiē zi   nǐ hǎo dà de kǒu qì   xiǎng chī wǒ   méi
　　"小蝎子，你好大的口气！想吃我，没

ménr   yì tīng xiǎo xiē zi yào chī zì jǐ   wú gōng qì jí
门儿！"一听小蝎子要吃自己，蜈蚣气极

le   bù yóu fēn shuō de xiàng ā lì chōng qù
了，不由分说地向阿丽冲去。

　　 ā lì yán zhèn yǐ dài   zhāng kāi le áo qián   wān gōng yí yàng
　　阿丽严阵以待，张开了螯钳，弯弓一样

dài zhe dú zhēn de wěi ba yě xù shì dài fā   dāng wú gōng jìn rù zì
带着毒针的尾巴也蓄势待发。当蜈蚣进入自

jǐ de gōng jī fàn wéi shí   ā lì yòng áo qián zhǔn què wú wù de
己的攻击范围时，阿丽用螯钳准确无误地

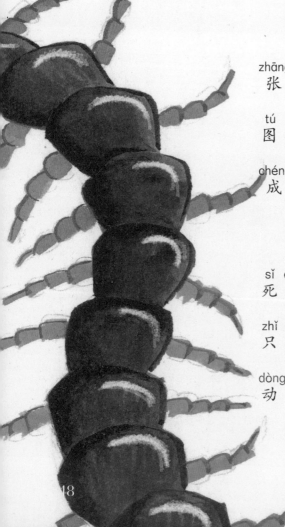

夹住了蜈蚣的脑袋。

这条身体柔软的蜈蚣扭动着，想把阿丽

缠起来，但阿丽不动声色地把螯钳夹得更

紧了。被夹住的蜈蚣痛得嗷嗷直叫。

这时，阿丽的毒针也出动了，在蜈蚣的

体侧重重地扎了三下。

蜈蚣彻底恼怒了，也

张开了自己的毒钩，企

图夹住阿丽，但是没有

成功。

蜈蚣的脑袋被阿丽死

死钳住，根本无法动弹，

只有后半身在挣扎、扭

动，完全没有了还手的

néng lì   ā lì chéng shèng zhuī jī   yòu zài wú gōng de hòu bèi
能 力 。 阿 丽 乘 胜 追 击 ， 又 在 蜈 蚣 的 后 背

shàng zhā le hǎo jǐ xià
上 扎 了 好 几 下 。

　　wú gōng yīn wèi shēn tǐ shí zài téng de shòu bù liǎo le   tū rán
　　蜈 蚣 因 为 身 体 实 在 疼 得 受 不 了 了 ， 突 然

bào fā chū jù dà de lì liàng zhèng tuō le ā lì de qián zi   tā táo
爆 发 出 巨 大 的 力 量 ， 挣 脱 了 阿 丽 的 钳 子 。 他 逃

dào yì biān   kǒng jù de wàng le yì yǎn ā lì   niǔ tóu jiù pǎo
到 一 边 ， 恐 惧 地 望 了 一 眼 阿 丽 ， 扭 头 就 跑 ，

yì biān pǎo hái yì biān bù gān xīn de shuō   méi xiǎng dào zhè ge
一 边 跑 还 一 边 不 甘 心 地 说 ：" 没 想 到 这 个

xiǎo xiē zi zhè me lì hai
小 蝎 子 这 么 厉 害 ！"

猜猜猜语谜

上头一张铁嘴，

下头一双铁腿，

爱咬铁丝铁钉，

从来不喝汤水。

（打一工具，答案在此
页文中找）

49

"胆小鬼！你想逃跑吗？我不会让你得逞的！"阿丽大声呼喊着，飞快地追了上去，扑到蜈蚣的背上，向他体侧又扎了好几下。

这次，蜈蚣不再逃跑，也不再还手，动作开始变得慢吞吞的，不一会儿就趴在地上一动不动了。

阿丽走过来，用螯钳抱起地上的蜈蚣，开始享用胜利的果实。

阿丽成功地打败了蜈蚣，而蜈蚣也是草莓地里数一数二的用毒高手。一时间，大家都说阿丽是野草莓地里最厉害的毒王。

对于"毒王"这个称呼，阿丽自己似乎毫不在意，可是

zhè què gěi tā rě lái le yí gè hěn lì hai de tiǎo zhàn zhě　　zài yě
这 却 给 她 惹 来 了 一 个 很 厉 害 的 挑 战 者 。 在 野

cǎo méi dì lǐ　　zhù zhe yì zhī nà bó nà láng zhū　　zhè zhǒng láng
草 莓 地 里 , 住 着 一 只 纳 博 纳 狼 蛛 。 这 种 狼

66 昆虫百科

狼蛛是一类可怕的蜘蛛,它们的背上长着像狼毫一样的毛,身体呈深褐色,体形中小型,而且有8只眼睛。有的狼蛛毒性很大,能毒死一只麻雀,大的狼蛛甚至能毒死一个人。因捕食猎物像狼而得名"狼蛛"。狼蛛非常警惕,且常隐藏在沙砾中,不易被发现。科学家在岛国斯里兰卡发现一种狼蛛,它们具有庞大的体形,与人的面孔大小相近。 **99**

蛛也是用毒的绝顶高手，他的毒液能毒死老鼠甚至更大的哺乳动物，是名副其实的毒王。当他听见野草莓地的昆虫都称阿丽为"毒王"时，心里自然不高兴了。

"哼！一只小小的蝎子就敢当毒王？太不把我狼蛛放在眼里了！"

狼蛛恶狠狠地自言自

大开眼界

哺乳动物是一类特别的动物，它们全身覆有被毛、运动快速，身上的温度基本都恒定不变；它们都是胎生的，不产卵或下蛋。它们是一种高级的动物，因能通过乳腺分泌乳汁来给幼崽哺乳而得名"哺乳动物"。在世界各地，陆地上、地下、水里和空中，都能找到它们的踪迹。它们有的爱吃草，有的爱吃肉，有的不挑食，草和肉都吃。

yǔ tā xiōng shén è shà de lái dào ā
语。他凶神恶煞地来到阿

lì jiā mén kǒu qì hū hū de dà hǎn
丽家门口，气呼呼地大喊

dà jiào dào zì chēng dú wáng de kuáng wàng zhī tú kuài chū lái
大叫道："自称毒王的狂妄之徒，快出来

hé wǒ jué dòu wǒ yào ràng nǐ jiàn shi yí xià shuí cái shì zhēn zhèng
和我决斗！我要让你见识一下谁才是真正

de dú wáng
的毒王！"

ā lì zhèng zài jiā lǐ xiǎng shòu wǔ hòu de zhēng qì yù tū
阿丽正在家里享受午后的蒸汽浴，突

rán bèi láng zhū dǎ rǎo xīn lǐ hěn bù shū fu yáng qǐ zì jǐ dài
然被狼蛛打扰，心里很不舒服，扬起自己带

zhe dú zhēn de wěi ba qì shì xiōng xiōng de chōng le chū lái
着毒针的尾巴，气势汹汹地冲了出来。

shuí shuí shuí jū rán dǎ rǎo wǒ xiū xi
"谁？谁？谁？居然打扰我休息！"

kàn jiàn mén kǒu zhàn zhe yì zhī zhī zhū ā lì qì bù dǎ yì
看见门口站着一只蜘蛛，阿丽气不打一

chù lái ān jìng ān jìng nán dào nǐ bù zhī dào běn gōng zhǔ
处来："安静！安静！难道你不知道本公主

xǐ huan ān jìng hái bú kuài gǔn kāi
喜欢安静？还不快滚开！"

dà jiā dōu shuō nǐ shì dú wáng wǒ hái néng ān jìng ma
"大家都说你是毒王，我还能安静吗？"

láng zhū yě bù gān shì ruò gēn běn méi bǎ yǎn qián zhè zhī xiē zi fàng
狼蛛也不甘示弱，根本没把眼前这只蝎子放

zài yǎn lǐ
在眼里。

hèng wǒ cái shì zhēn zhèng de dú wáng jīn tiān yào ràng nǐ
"哼！我才是真正的毒王！今天要让你

jiàn shi yí xià wǒ de lì hai láng zhū
见识一下我的厉害！"狼蛛

gāo ào de shuō zhe bìng jǐng tì de dīng
高傲地说着，并警惕地盯

zhe ā lì de yǎn jing
着阿丽的眼睛。

zhǐ jiàn ā lì zhǎng yǒu zhī yǎn
只见阿丽长有8只眼

猜语谜
猜猜

一个大王本领强，
半天织出一张网，
一天到晚网里坐，
就等小虫网上撞。
（打一昆虫，答案在此
页文中找）

55

睛，分为3组，头胸部中间的两只眼睛闪

闪发亮，又大又鼓，有点像自己那绝妙的凸

透镜；在身体前端左右还各有3只小眼睛，

排列成直线。

大开眼界

　　凸透镜是根据光的折射原理制成的。凸透镜是中央较厚、边缘较薄的透镜。凸透镜有会聚光线的作用，所以又叫"会聚透镜"。另外，凸透镜还有望远、放大等作用。因为这些作用，凸透镜被广泛应用于生活中。例如，小朋友经常玩的放大镜、可以拍出美丽照片的相机、爷爷奶奶的老花镜等，都使用了凸透镜。

"哼！这个既近视又斜视的家伙，真不知你怎么走路的，鬼才会相信你有高超的本领。"狼蛛心里嘀咕着，根本没把阿丽放在眼里。

"敢来挑战我，看我怎么收拾你！"阿丽不管三七二十一，直接朝狼蛛冲了上去，用自己的螯钳轻松地抓住了狼蛛。

"不好！"狼蛛使劲地挣扎了几下，但是徒劳无功。

"你服气了吗？"阿丽紧紧地抓着狼蛛，以胜利者特有的姿态大声说道。

"哼！你偷袭我，我不服！"狼蛛一边很不服气地说着，一边用自己的钩状大颚一张一合地想咬阿丽。

阿丽用自己长长的螯钳抓住了狼蛛，身体离他有一段距离，所以，不管狼蛛怎么努力都是无法咬到阿丽的。

阿丽见他还不死心，扬起自己的毒针朝狼蛛的胸膛刺去。

狼蛛全身长毛，身体似乎没有想象的那么容易刺穿。阿丽的毒针顶着狼蛛的肚皮停住了。但阿丽并

58

不担心，只见她轻轻地扭动几下尾巴，毒针就轻易地钻进了狼蛛的皮肤。

被刺中的狼蛛开始不停地抽搐起来。阿丽并不着急拔出自己的毒针。为了让自己的毒液尽量渗入狼蛛的身体，她故意让毒针在狼蛛的身体里停留了一会儿，然后从容地拔出。

狼蛛被阿丽注射了毒液，已经在不知不觉中死掉了。

阿丽露出胜利的微笑，她突然觉得自己利用毒针的技术更加娴熟了。

ā lì àn zhào zì jǐ de guàn lì kāi shǐ xiǎng yòng zhàn lì pǐn
阿丽按照自己的惯例开始享用战利品。

hé wǎng cháng yí yàng　　tā cóng láng zhū de tóu kāi shǐ　　xì jiáo màn
和往常一样，她从狼蛛的头开始，细嚼慢

yàn de xiǎng shòu dà cān　　zhè cì yòng cān　　ā lì huā le zhěng
咽地享受大餐。这次用餐，阿丽花了整

zhěng　　xiǎo shí
整 24 小时。

　　dǎ bài le xiū nǚ táng láng　　lóu gū　　wú gōng　　hái yǒu láng zhū
　　打败了修女螳螂、蝼蛄、蜈蚣，还有狼蛛

zhè yàng de yòng dú gāo shǒu　　ā lì zhōng yú chéng zhǎng wéi yì zhī
这样的用毒高手，阿丽终于成长为一只

chū sè de xiē zi
出色的蝎子。

60

wǒ shì yì zhī chū sè de xiē zi
我 是 一 只 出 色 的 蝎 子，

qiáng zhuàng yòu yǒng gǎn
强 壮 又 勇 敢。

áo qián hé dú zhēn shì wǒ de wǔ qì
螯 钳 和 毒 针 是 我 的 武 器，

yào shi dí rén gǎn qīn fàn
要 是 敌 人 敢 侵 犯，

wǒ jiù dǎ de tā luò huāng ér táo
我 就 打 得 它 落 荒 而 逃！

wǒ shì yì zhī chū sè de xiē zi
我 是 一 只 出 色 的 蝎 子，

měi lì yòu qín láo
美 丽 又 勤 劳。

shēng cún hé fán yǎn shì wǒ de shǐ mìng
生 存 和 繁 衍 是 我 的 使 命，

wǒ yào zhǎo yí wèi rú yì láng jūn
我 要 找 一 位 如 意 郎 君，

yǎng yù yì qún huó pō kě ài de xīn shēng mìng
养 育 一 群 活 泼 可 爱 的 新 生 命！

小词典

繁衍（fán yǎn）

词义：逐渐增多或增广。

例句：中华民族的祖先在黄河流域繁衍生息。

聪明宝宝问不倒

小朋友，请回忆下刚刚看完的"不友好的挑战者"这一小节，回答下面的问题。

1.小蟋蟀叫了谁来帮忙挑战阿丽？

2.阿丽是怎样打败穿着铠甲的蝼蛄的？

3.阿丽有几只眼睛，是怎么分布的？

4.阿丽打败了哪些挑战者？

帅气的新郎

已经很少有人再敢上门挑战了，所以阿丽每天都过得十分舒坦。每次吃饱喝足之后，她就趴在自家门口，心满意足地享受温暖的蒸汽浴。

一转眼，10月到了，阿丽开始变得懒洋洋的，不再打猎进食，也不出门散步了。她和其他朗格多克蝎子一样，在每年10月到第二年4月都会足不出户。很多人误以为他们在冬眠，其实并非如此，他们只是不吃东西而已。

终于，充满生机的4月到了。阿丽突然发生了变化，平时吃得很少的她不知为什么，食量一下子变大了很多很多，而且整天整天地大吃大喝。

阿丽自己并不知道，每年的4月至5月是蝎子一族交配繁殖的季节，而她突然大吃大喝也

zhèng shì zài wèi jīn hòu bǔ yù bǎo bao jī xù bì yào de yíng yǎng
正 是 在 为 今 后 哺 育 宝 宝 积 蓄 必 要 的 营 养。

zài yí gè chī bǎo hē zú de bàng wǎn　ā lì lái dào hé biān sàn
在 一 个 吃 饱 喝 足 的 傍 晚，阿 丽 来 到 河 边 散

bù　wú yì jiān kàn jiàn zì jǐ shuǐ zhōng de dào yǐng　zhè cái fā xiàn
步，无 意 间 看 见 自 己 水 中 的 倒 影，这 才 发 现

shēn tǐ zài bù zhī bù jué zhōng yǐ zhǎng dào　lí mǐ cháng le　yán
身 体 在 不 知 不 觉 中 已 长 到 9 厘 米 长 了，颜

sè yě biàn de xiàng jīn huáng sè de dào gǔ yí yàng měi lì
色 也 变 得 像 金 黄 色 的 稻 谷 一 样 美 丽。

wā　wǒ zhǎng dà le　chéng nián
"哇！我 长 大 了，成 年

le　ā lì kàn zhe shuǐ zhōng zì jǐ
了！" 阿 丽 看 着 水 中 自 己

de dào yǐng kāi xīn de shuō zhe　tū rán tā
的 倒 影 开 心 地 说 着，突 然 她

xiǎng　shì bú shì yīng gāi zhǎo yí wèi shuài
想：是 不 是 应 该 找 一 位 帅

qi de xīn láng jié hūn　rán hòu bǔ yù zì
气 的 新 郎 结 婚，然 后 哺 育 自

jǐ de hái zi la
己 的 孩 子 啦？

xiǎng dào zhè lǐ　ā lì yòu bù yóu
想 到 这 里，阿 丽 又 不 由

小词典

哺育（bǔ yù）

词义：喂养。

例句：在妈妈的精心哺育下，童童茁壮成长。

猜猜猜谜语

黄衣服，包白玉，
秋天一到铺满地，
农民伯伯齐收割，
蒸熟之后冒香气。

（打一农作物，答案在此页文中找）

大开眼界

水中的倒影是由光的反射引起的，又可以叫作"平面镜成像"现象。平静的水面就像一面镜子，太阳光照射到人的身上，被反射到镜面上，镜面又将光反射到人的眼睛里，于是我们就看到了自己在镜面中的虚像。在镜面影像中，你的影像和现实中的自己是左右相反的，这样的效果也叫"镜像"。

得 羞 红 了 脸，嘟 着 嘴 调 皮 地 说 道："我 是 女
孩 子，怎 么 能 主 动 去 找 男 孩 子 呢？应 该 是 男
孩 子 来 找 我！"

"对，应 该 男 孩 子 来 找 我！"阿 丽 肯 定 了
自 己 的 想 法。可 是 一 转 眼 工 夫，阿 丽 又 有
了 新 的 担 心：要 是 男 孩 子 们 不 知 道 自 己 住 在
这 里，那 可 怎 么 办 啊！

想 到 这 些，阿 丽 又 不 安 起 来，失 落 地 朝
家 的 方 向 走 去。没 走 多 远，她 就 听 见 不 远
处 有 喧 嚣 声 传 来。

小词典

喧嚣（xuān xiāo）

词义：叫嚣或喧嚷。

例句：走进了喧嚣的
城市，才发现宁静的
乡村多么美好。

66

阿丽好奇地朝声音传来的地方走去，

只见夜色下一群同类的蝎子正在搏斗，而且

打得十分激烈！

"这是怎么回事？大家怎么都在打架

呢？"阿丽看到眼前的一切，惊呆了。她走

到正在搏斗的蝎群中，大声呼喊："停下

来！大家都停下来！我们是同类，不可以自

己人打自己人啊！"

尽管阿丽的声音很大，可是没有一个人

因为她的呼喊而停下来，依旧缠斗在一起，

xiāng hù de cǎi lái cǎi qù
相互地踩来踩去。

　　dà jiā dōu zěn me le　　zěn me néng zì jǐ rén dǎ zì jǐ rén
　　"大家都怎么了？怎么能自己人打自己人

ne　　　méi néng zǔ zhǐ tóng lèi de zhēng dòu　　ā lì shāng xīn de
呢？"没能阻止同类的争斗，阿丽伤心地

diào xià le yǎn lèi
掉下了眼泪。

　　yì zhī zhèng dǎ de huǒ rè de xiē zi fā xiàn le ā lì　　cháo tā
　　一只正打得火热的蝎子发现了阿丽，朝她

zǒu le guò lái　　pāi le pāi ā lì de
走了过来，拍了拍阿丽的

jiān bǎng hào qí de wèn dào　　　　nǐ zěn
肩膀好奇地问道："你怎

me bù hé wǒ men yì qǐ wán　　què zài
么不和我们一起玩，却在

zhè lǐ kū a
这里哭啊？"

猜语谜
猜猜

红彤彤来暖烘烘，
小风一吹它更凶，
没嘴能吃天下物，
偏和雨水不相容。

（打一物，答案在此页
文中找）

68

　　"什么？玩？你说大家都在玩？"阿丽擦
shén me　　wán　　nǐ shuō dà jiā dōu zài wán　　　　ā lì cā

着眼泪，满脸疑惑地问道。
zhe yǎn lèi　 mǎn liǎn yí huò de wèn dào

　　　　"对啊！大家都在游戏呢！"说到这里，
　　　　　duì a　　　dà jiā dōu zài yóu xì ne　　　　shuō dào zhè lǐ

这只蝎子还特意凑到阿丽的耳边，轻声地说
zhè zhī xiē zi hái tè yì còu dào ā lì de ěr biān　　qīng shēng de shuō

道："男孩女孩凑在一起游戏，促进感情，寻
dào　　　nán hái nǚ hái còu zài yì qǐ yóu xì　　cù jìn gǎn qíng　xún

找心仪的另一半呢！"
zhǎo xīn yí de lìng yí bàn ne

　　　阿丽听眼前这只蝎子这么一
　　　　ā lì tīng yǎn qián zhè zhī xiē zi zhè me yì

说，更糊涂了，眨着眼睛，望着
shuō　gèng hú tu le　　zhǎ zhe yǎn jīng　wàng zhe

眼前的伙伴。而这只蝎子见阿
yǎn qián de huǒ bàn　　ér zhè zhī xiē zi jiàn ā

小词典

疑惑（yí huò）

词义：困惑或心里
不明白。

例句：小明对妈妈
的话感到很疑惑。

丽还没听懂自己的意思，干脆什么都不说了，直接把阿丽拉进蝎群，加入了游戏。

阿丽这才发现，所有的蝎子都挥舞着尾巴在互相乱踩，而且都做着滑稽的姿势，根本就没有任何打架斗殴的迹象。

原来自己刚才看错了，阿丽悬着的心终于放下来了，并且很快被游戏的氛围感染，开心地加入游戏之中。

自从离开妈妈以后，阿丽就再也没和这么多同类聚在一起了。平时就算在打猎的时候碰到同类，大家也都不打招呼，互不干涉地自己干自己的事情。

小词典

滑稽（huá jī）

词义：形容（言语、动作）引人发笑。

例句：这个丑角的表演非常滑稽。

氛围（fēn wéi）

词义：周围的气氛和情调。

例句：人们在欢乐的氛围中迎来了新的一年。

干涉（gān shè）

词义：过问或制止，多指不应该管硬管。

例句：各个国家国情不同，所以最好互不干涉内政。

今天大家聚在一起游戏，真是太开心了。

阿丽兴奋地挥舞着自己引以为傲的尾巴，欢快地跳起舞来。

不知道什么时候，一个帅气的男孩子来到阿丽的身前。他羞涩地向阿丽微微鞠躬，绅士地伸出一只螯钳说道："我叫阿古，我

小词典

鞠躬（jū gōng）

词义：弯身行礼。

例句：每次见到老先生，他都很有礼貌地鞠躬致敬。

可以邀请你去散步吗？"

"这……当然可以！"第一次被男孩子热情

邀请的阿丽，显得很羞涩，但她还是痛快地

答应了，跟着阿古一起离开了蝎群。

来到没有别的蝎子的地方，阿丽和阿古面

对面地站着，各自伸出自己的螯钳，友好

地握在一起，尾巴也被盘成了很漂亮的螺

旋形。

就这样，阿古倒退着走在前面，阿丽安静

地跟着，他们迈着整齐的步伐开始散步。

走走停停，一会儿到这里，一会儿到那里。不管到哪里，他们都拉着对方的手不松开。

阿丽觉得现在的自己好幸福，好幸福，并下定决心要和阿古一起生下属于自己的宝宝。

一起散步持续了十几分钟，阿古就迫不及待地带阿丽回到了自己的家。

"等一下，我给你开门。"阿古放开阿丽的一只螯钳，然后用后面6条腿迅速地挖掘用来做大门的沙土，很快，大门打开了。

阿古很有礼貌地首先进入，然后很温柔地将阿丽拉了进去，随后又把大门用沙土堵了起来。

现在，阿古和阿丽紧紧地依偎在一起，他们的婚礼也在这幸福的气氛中完成了。

"我要赶快逃走才行！"完成婚礼的阿古，趁着阿丽不注意，偷偷地朝洞口跑去。

"站住！"反应过来的阿丽严厉地大喊一声，一把抓住了阿古，说："为了我们即将出生的孩子，你这个做爸爸的要做出牺牲才行啊！"

听了阿丽的话，阿古懂了，他知道

小词典

依偎（yī wēi）

词义：紧挨着或亲热地靠着。

例句：婷婷依偎在奶奶怀里，不一会儿就睡着了。

76

为了将来宝宝的茁壮成长，爸爸的牺牲是必不可少的。他安静地站在那里，不再逃跑。

阿丽在阿古身上打了一针毒针，然后开始咀嚼阿古的身体。

为了宝宝献出身体是阿古当爸爸的责任，而作为妈妈的责任就是让自己吃得饱饱的，按时睡觉，按时起床，静静地等待着宝宝们的降生……

聪明宝宝问不倒

　　小朋友，请回忆下刚刚看完的"帅气的新郎"这一小节，回答下面的问题。

　　1.蝎子交配的季节是什么时候?

　　2.阿丽的新郎叫什么名字?

　　3.阿丽最后为什么把自己的新郎吃掉了?

当妈妈真不容易

时间总是在不知不觉中就过去了，一转眼工夫，已经到了7月，阿丽就要迎来新生命的诞生了。

晚上，阿丽感觉自己的肚子微微地痛了起来，她知道自己的孩子就要出生了。

"我要当妈妈了，我要当妈妈了！"阿丽既兴奋又紧张，不知如何是好。

因为是第一次当妈妈，阿丽完全没有经验。怎样才能让自己的孩子平安出生呢？阿丽心里没有一点儿主意。就在这个时候，

妈妈的话又在耳边响了起来："孩子们，蝎子的本领可是与生俱来的哦！"

"对！妈妈说我们蝎子的本领都是与生俱来的。我已经成长为一只出色的蝎子了，我的孩子也一定会平安出生的！"阿丽一边深呼吸，一边自我安慰，不一会儿就完全平静下来了。她已经做好心理准备，静静地等待着第一个孩子的诞生。

终于，阿丽生下了一枚米粒大小的卵。

"啊！这就是我的孩子！孩子，你好啊！"

阿丽见到自己刚刚出生的孩子，用母亲特有的温柔向自己的孩子打招呼。

可是，这枚小小的卵动都不动一下，静静地

猜猜猜 猜语谜

左一片，右一片，
说起话来听得见，
俩人从来不见面。
（打一身体部位，答案在此页文中找）

躺在阿丽的眼前。

"这是怎么回事？我的宝宝怎么不回答我？"阿丽着急地抱起自己的宝宝，轻轻地摇了摇，急切地呼唤着："宝宝，宝宝，你醒醒，快回答妈妈！宝宝！"

可是，卵宝宝依旧安安静静地躺在阿丽的怀里，没有半点儿回答阿丽的意思。

"一定是哪里出了问题，我要冷静下来，不可以慌了神。"阿丽一边安慰自己，一边开始细细地观察自己的第一个孩子。她终于发现自己的孩子还只是一枚卵，而且是一枚十分健康的卵。

阿丽一颗悬着的心终于落地了。她用自己的大颚尖轻轻地咬住孩子薄薄的卵膜，将它撕破并吃进肚子里，然后又小心翼翼地剥掉孩子的胎膜。她的整个动作十分温柔，生怕自己一不小心伤到孩子幼嫩的皮肤。

小蝎子终于出生了，白色的身子，从头到尾的长度是9毫米，他像是刚睡醒

大开眼界

胎膜是指包裹在胎儿外面的膜状物，作用是保护胚胎，并帮助胚胎吸收养料和排除废物。胎膜是宝宝胎儿时期的"保护外衣"，保护我们健康长大。

yí yàng　　róu zhe zì jǐ de
一样，揉着自己的

xiǎo yǎn jing　　chōng mǎn zhì
小眼睛，充满稚

qì de hǎn le yì shēng　mā ma
气地喊了一声"妈妈"。

　　à　　wǒ qīn ài de bǎo bao　　ā lì jì xīn wèi yòu gǎn
"啊！我亲爱的宝宝！"阿丽既欣慰又感

dòng　bào qǐ hái zi còu dào zì jǐ de yǎn qián
动，抱起孩子凑到自己的眼前，

yòng zì jǐ de liǎn qīng qīng de cèng zhe hái zi
用自己的脸轻轻地蹭着孩子

yòu nèn de pí fū
幼嫩的皮肤。

　　mā ma　　yǎng yang　　wǒ yǎng yang
"妈妈，痒痒，我痒痒！"

xiǎo xiē zi bèi mā ma cèng de hěn yǎng yang　huān
小蝎子被妈妈蹭得很痒痒，欢

xiào zhe xiàng mā ma qiú ráo
笑着向妈妈求饶。

小词典

稚气（zhì qì）

词义：孩子气。

例句：小李像长不大的孩子一样，总是一脸稚气。

蹭（cèng）

词义：摩擦。

例句：皮皮不小心摔了一跤，手蹭破了一点儿皮。

阿丽这才意识到自己刚才有点儿激动了，居然忘记了宝宝会痒痒，赶紧停下了手中的动作，把宝宝放在自己的头顶。

阿丽用螯钳温柔地在小蝎子的头顶摸了摸，充满爱意地说道："好宝宝，你乖乖地待在妈妈的头上，妈妈要去迎接你的弟弟妹妹了！"

原来就在阿丽和自己第一个孩子玩耍的这段时间，她已经产下了第二枚卵。在安排好自己第一个孩子后，阿丽又开始为第二个孩子咬开卵膜和胎膜，第二个孩子也平安地出生了。

因为有了前面的经验，阿丽后面的生产表现得得心应手，再也不像第一次那样

shǒu zú wú cuò le
手 足 无 措 了。

hái zi yí gè jiē yí gè de chū shēng ā lì yí cì jiē yí cì de
孩子一个接一个地出生，阿丽一次接一次地

bāng zhù hái zi men yǎo pò luǎn mó hé tāi mó
帮 助 孩 子 们 咬 破 卵 膜 和 胎 膜。

hěn kuài sān sì shí gè hái zi quán bù ān quán de chū shēng
很 快，三 四 十 个 孩 子 全 部 安 全 地 出 生

le ā lì yǒu xiē pí bèi de cā le cā é tóu
了！阿丽有些疲惫地擦了擦额头

shàng xì wēi de hàn zhū yǎn zhōng chōng mǎn
上 细 微 的 汗 珠，眼 中 充 满

le xìng fú
了幸福。

mā ma mā ma mā ma xīn
"妈 妈！妈 妈！妈 妈！" 新

chū shēng de hái zi men quán dōu bèi ā lì
出 生 的 孩 子 们 全 都 被 阿 丽

shèn zhòng de fàng zài le bèi shàng   zhè xiē hái
慎 重 地 放 在 了 背 上 。 这 些 孩

zi zài mā ma de bèi shàng huān kuài de hū hǎn
子 在 妈 妈 的 背 上 欢 快 地 呼 喊

zhe   yī yī yā yā de   hǎo bú rè nao
着 ， 咿 咿 呀 呀 的 ， 好 不 热 闹 。

小词典

慎重（shèn zhòng）

词义：谨慎认真。

例句：在做重要的选
择时，一定要慎重。

89

小宝宝啊，妈妈的小宝宝，

你们终于出生了！

妈妈每天都在等待你们的到来，

妈妈时刻都在准备迎接你们到来！

小宝宝啊，妈妈的小宝宝，

你们终于出生了！

妈妈盼望你们能健健康康，

妈妈盼望你们能平平安安！

当上妈妈的阿丽紧张极了，整天把自己关在家里，不吃东西也不出门散步，把所有的心思都放在哺育孩子上。

这些好奇的孩子们对房子外面的世界产生了浓厚的兴趣。一天，他们一起吵嚷着要妈妈带他们去见见外面的世界。

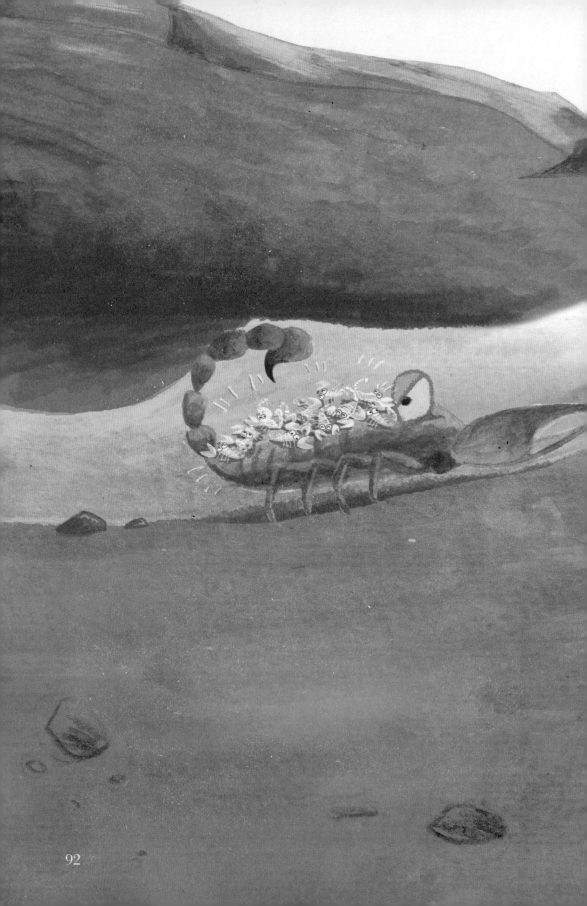

阿丽担心外面会有危险，刚开始并不答应孩子们出门，但是看到孩子们有些失望的表情，她又改变了主意。

"孩子们，你们都还小，外面的世界对于你们来说十分危险，无论发生什么，你们都不可以离开妈妈哦！"阿丽对自己的孩子千叮咛万嘱咐后，开始慢慢地朝门口爬去。

阿丽这次出门爬得十分缓慢，因为她的背上站满了孩子，她担心自己走得太快会让孩子们从背上掉下来。

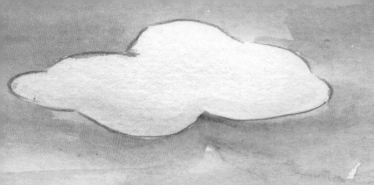

见妈妈走得太慢，孩子们都着急了，催
促妈妈走快些，因为他们想尽快看到外面
的世界。阿丽被孩子们说服了，加快脚步来
到了房子外面。

　　孩子们终于见到了外面的世界，兴奋

de zài mā ma de bèi shàng zài gē zài wǔ
地 在 妈 妈 的 背 上 载 歌 载 舞。

hái zi men xiǎo xīn diǎnr　　xiǎo xīn diào xià
"孩 子 们 小 心 点 儿，小 心 掉 下

lái　　ā lì yì biān zǒu　　yì biān tí xǐng zhe bèi
来！" 阿 丽 一 边 走，一 边 提 醒 着 背

shàng hěn bù ān fèn de hái zi men
上 很 不 安 分 的 孩 子 们。

fàng xīn ba　　mā ma　　wǒ men bú huì diào xià qù
"放 心 吧，妈 妈，我 们 不 会 掉 下 去

de　　xiǎo xiē zi men hǎo xiàng gēn běn jiù bù dān xīn
的！" 小 蝎 子 们 好 像 根 本 就 不 担 心，

yī jiù wú yōu wú lù de wán shuǎ zhe
依 旧 无 忧 无 虑 地 玩 耍 着。

kàn zhe hái zi men zhuó zhuàng de chéng zhǎng　　ā lì
看 着 孩 子 们 茁 壮 地 成 长，阿 丽

gǎn dào xīn mǎn yì zú　　liǎn shàng zǒng shì guà zhe tián
感 到 心 满 意 足，脸 上 总 是 挂 着 甜

tián de wēi xiào
甜 的 微 笑。

小词典

载歌载舞

（zài gē zài wǔ）

词义：又唱歌，又跳
舞，形容尽情欢乐。

例句：在元旦晚会上，
小伙伴儿们载歌载舞。

猜猜猜谜语

墙内一棵桃，

墙外看不到，

贴墙用耳听，

它在怦怦跳。

（打一人体部位，答
案在此页文中找）

也难怪阿丽那么幸福，世界上所有的妈妈都一样，只要自己的孩子能苗壮成长，她们就会很满足、很幸福。

带着孩子们在房子附近走了一会儿，阿丽决定回家了，因为她总担心会有意外发生，待在家里才是明智的选择。

正当阿丽带着孩子们往回走的时候，一阵风突然吹了过来。几只小蝎子没站稳，掉了下去。

"哦！天啊！我的宝宝，你们没事吧？"阿丽见孩子掉在了地上，担心地向摔在地上的孩子们询问道。

　　　　　mā ma　　　bié dān xīn　　　wǒ men yì diǎnr　　shì dōu méi
　　"妈妈，别担心！我们一点儿事都没

yǒu　　　　diào zài dì shàng de xiǎo xiē zi guāi qiǎo de huí dá mā ma
有！"掉在地上的小蝎子乖巧地回答妈妈。

tā men bèi mā ma zhè me xì xīn de hē hù zhe　　yě gǎn dào le wú bǐ
他们被妈妈这么细心地呵护着，也感到了无比

de xìng fú
的幸福。

小词典

乖巧（guāi qiǎo）

词义：合人心意或
讨人喜欢。

例句：奶奶说我是
一个既聪明又乖巧
的孩子。

阿丽心疼地伸出螯钳，让掉在地上的小蝎子顺着螯钳爬了回来。她加快了回家的脚步，再也不想有小蝎子摔下来的事情发生了。

小蝎子们也明白了妈妈的用意，乖巧地站在妈妈的背上，不再相互吵闹了。

就这样，小蝎子们在阿丽的呵护下安全地回到了家中。

小宝宝，小宝宝，

留在妈妈身边不乱跑；

小宝宝，小宝宝，

遇见危险大声叫。

正当阿丽为安全回家松了一口气的时候，突然传来一只小蝎子大声的呼救声："哎呀！妈妈不好了，我生病了！你看我的皮肤都裂开了！"紧接着，又有很多小蝎子应和起来。

"天啊！发生了什么？"阿丽听到小蝎子的呼救，吓了一大跳，连忙抱起一只小蝎

小词典

应和（yìng hè）

词义：（声音、语言、行动等）相呼应。

例句：台下的观众随声应和，现场气氛更加浓烈了。

101

zǐ xì xì de guān chá qǐ lái
子细细地观察起来。

děng kàn qīng le xiǎo xiē zi de qíng kuàng hòu　ā lì wēi xiào
等看清了小蝎子的情况后，阿丽微笑

zhe yáo le yáo tóu
着摇了摇头。

jiàn mā ma bù guǎn zì jǐ shēng bìng　hái tōu tōu de xiào
见妈妈不管自己生病，还偷偷地笑

le　xiǎo xiē zi men bù gāo xìng le　yǐ wéi mā ma bú ài
了，小蝎子们不高兴了，以为妈妈不爱

zì jǐ le　dōu tōu tōu de mǒ qǐ wěi qu de yǎn lèi："wū
自己了，都偷偷地抹起委屈的眼泪："呜

wū……mā ma bú ài wǒ men le　wǒ men shēng bìng le mā ma
呜……妈妈不爱我们了，我们生病了妈妈

dōu bù guǎn
都不管！"

tīng dào hái zi men de kū sù　ā lì zhēn shì yòu hǎo qì yòu
听到孩子们的哭诉，阿丽真是又好气又

hǎo xiào　tā nài xīn de xiàng xiǎo xiē zi men jiě shì dào　shǎ hái
好笑，她耐心地向小蝎子们解释道："傻孩

zi　mā ma zěn me huì bú ài nǐ men ne　nǐ men bú shì shēng
子，妈妈怎么会不爱你们呢？你们不是生

bìng le
病了！"

bú shì shēng bìng　xiǎo xiē zi
"不是生病？"小蝎子

men tīng mā ma shuō zì jǐ bú shì shēng
们听妈妈说自己不是生

猜语谜
猜
猜

一只狗，真少有，
头上长了两个口。
（打一字，答案在此页
文中找）

bìng dōu bù jiě de wāi qǐ le xiǎo nǎo dai
病，都不解地歪起了小脑袋。

zhǐ jiàn ā lì yòu nài xīn de shuō dào nǐ men shì zhǎng
只见阿丽又耐心地说道："你们是长

dà le yào huàn diào tóng zhuāng chéng wéi yì zhī zhēn zhèng de
大了，要换掉'童装'成为一只真正的

xiē zi le
蝎子了！"

chéng wéi zhēn zhèng de xiē zi xiǎo xiē zi men yì tīng mā
"成为真正的蝎子！"小蝎子们一听妈

ma de huà zhè cái zhī dào zì jǐ wù huì le mā ma ér qiě dōu wèi
妈的话，这才知道自己误会了妈妈，而且都为

zì jǐ jí jiāng chéng wéi zhēn zhèng de xiē zi àn zì gāo xìng
自己即将成为真正的蝎子暗自高兴。

wèi le chéng wéi zhēn zhèng de xiē
为了成为真正的蝎

zi xiǎo xiē zi men ān ān jìng jìng de
子，小蝎子们安安静静地

pā zài mā ma de bèi shàng jìng jìng de
趴在妈妈的背上，静静地

děng dài tuì pí
等待蜕皮。

猜语谜
猜猜

七个窟窿一个瓜，
会听会看会说话，
你若真的猜不出，
照照镜子看一下。
（打一身体部位，答案
在此页文中找）

大开眼界

　　小蝎子们"换掉童装"，其实就是在蜕（tuì）皮。小蝎子为什么要蜕皮
呢？原来，小蝎子的壳或者叫"外骨骼"非常硬，虽然可以起到保护它们的
作用，但会影响它们长大。所以，经过一段时间，它们就要蜕皮一次，而蜕
皮一次它们就长大一点。就像我们在长大的过程中要不断换更大的衣服是一
样的。

琥珀其实是一种特殊的化石，它们是远古松柏的树脂经过千万年的变化形成的。如果有些小动物，比如说蚊子，不小心卷进了那时候的树脂里，那么后来形成的琥珀里就会保留着它的模样。琥珀一般是淡黄色、褐色或红褐色的固体，比较脆，燃烧时有香气。它们可以用来做装饰品，也可入药。

经过小蝎子们自己的不懈努力，他们终于换掉了身上的"童装"，身体颜色也发生了变化，肚皮和尾部变成了金黄色，两只大螯闪着柔和的亮光，像半透明的琥珀，这样才算是一只真正的朗格多克蝎子。

蜕皮后的小蝎子身体变得灵活起来，可以到地面活动了。他们围在阿丽身边小跑，追逐嬉戏，开心极了。

小蝎子们出生已经有一周了，这一周他们虽然什么

小词典

不懈（bú xiè）

词义：不松懈。

例句：他们一直在进行不懈的斗争。

嬉戏（xī xì）

词义：游戏或玩耍。

例句：小弟弟在草地上和小猫嬉戏，很开心。

dōng xi dōu méi chī　　dàn shì tā men de shēn tǐ què fā shēng le hěn
东 西 都 没 吃 ， 但 是 他 们 的 身 体 却 发 生 了 很

dà de biàn huà　　cóng gāng chū shēng de　　háo mǐ zhǎng dào le xiàn zài
大 的 变 化 ， 从 刚 出 生 的 9毫米 长 到 了 现 在

de　　háo mǐ　　tā men lí kāi ā lì dú lì shēng huó de shí jiān kuài
的 14毫米 。 他 们 离 开 阿 丽 独 立 生 活 的 时 间 快

dào le
到 了 。

xiǎng dào hái zi men jiù yào lí kāi zì jǐ le　　ā lì yǒu xiē
想 到 孩 子 们 就 要 离 开 自 己 了 ， 阿 丽 有 些

bù shě　　kě shì　　xiǎng dào hái zi zhǐ yǒu lí kāi mā ma dú lì shēng
不 舍 。 可 是 ， 想 到 孩 子 只 有 离 开 妈 妈 独 立 生

huó　　cái néng chéng zhǎng wéi yì zhī chū sè de xiē zi　　ā lì yòu
活 ， 才 能 成 长 为 一 只 出 色 的 蝎 子 ， 阿 丽 又

xià dìng jué xīn yí dìng yào ràng hái zi men lí kāi
下 定 决 心 一 定 要 让 孩 子 们 离 开 。

大开眼界

　　说到长度单位，我们常听说的可能有米和厘米。其实，
生活里常用的长度单位远远不止这些，还有毫米、分米、千米
等。它们是怎么换算的呢？很简单。10毫米等于1厘米，10厘米
等1分米，10分米等于1米，也就是说1米等于100厘米。还有，
1000米等于1千米，而1千米和1公里是一样的。

106

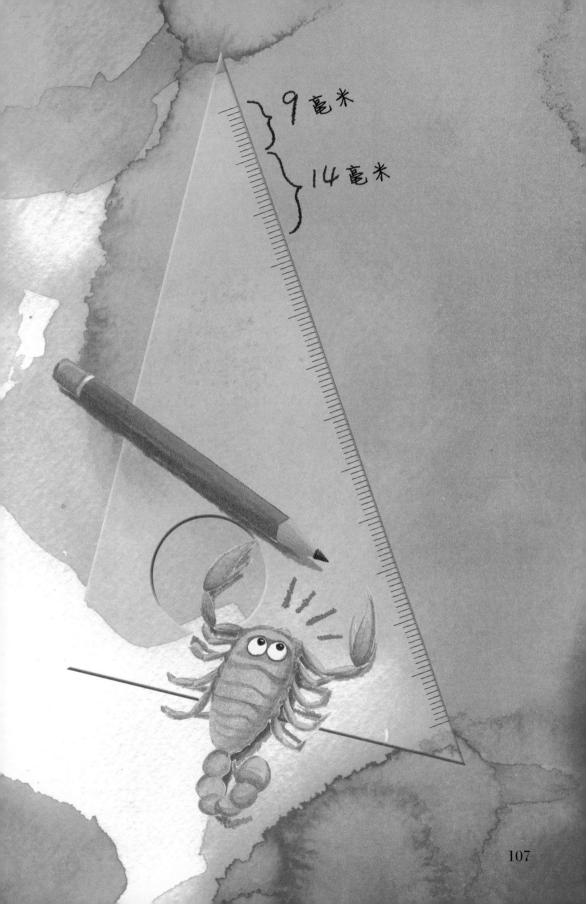

9毫米

14毫米

在一个天气晴朗的日子，阿丽召集了所有的孩子，让他们离开自己，独立生活，成长为一只出色、勇敢的蝎子。

孩子们听了阿丽的话，都信心满满地向阿丽保证，一定会成长为出色的蝎子。

阿丽看着自己出色的孩子们，欣慰地笑了起来，并向孩子们说了当初自己的妈妈对自己说过的话：

"孩子们，我们蝎子的本领都是与生俱来的哦！"

"嗯！妈妈，我们记住了！"孩子们异口同声地答应着妈妈，纷纷向四面八方走去，走几步后还都不忘回过头来向妈妈告别：

"再见！妈妈！""妈妈！再见啦！""我们会想你的！"

小词典

异口同声

（yì kǒu tóng shēng）

词义：形容很多人说同样的话。

例句：教师节到了，孩子们异口同声地对老师说"节日快乐"。

111

zài hái zi men de gào bié shēng zhōng　　ā lì gǎn
在孩子们的告别声中，阿丽感

dòng de liú chū le yǎn lèi　　tā huī wǔ zhe áo qián　xiàng
动得流出了眼泪。她挥舞着螯钳，向

hái zi men dà shēng hū hǎn dào　　　　mā ma yě huì xiǎng
孩子们大声呼喊道："妈妈也会想

nǐ men de　　mā ma zhù fú nǐ men chéng wéi chū sè de
你们的！妈妈祝福你们成为出色的

xiē zi
蝎子——"

ā lì de shēng yīn zài zhěng gè cǎo méi dì lǐ jiǔ jiǔ
阿丽的声音在整个草莓地里久久

de huí dàng zhe　　tā jiān xìn zì jǐ de hái zi men yě huì
地回荡着，她坚信自己的孩子们也会

xiàng zì jǐ yí yàng　chéng zhǎng wéi yì zhī zhī chū sè　yǒng
像自己一样，成长为一只只出色、勇

gǎn de xiē zi
敢的蝎子。

聪明宝宝问不倒

小朋友，请回忆下刚刚看完的"当妈妈真不容易"
这一小节，回答下面的问题。

1.蝎子妈妈阿丽是怎样帮助蝎子宝宝出生的？

2.小蝎子的皮肤裂开了，蝎子妈妈为什么不担心？

3.蜕皮的小蝎子身体外貌有了什么变化？